少年儿童百科全书

动物世界

（英）尼古拉斯·哈里斯 著

刘筠 译

何晶 审校

辽宁科学技术出版社

·沈阳·

目录 Contents

这本书应该怎么看?

每 两页有一个简介,用来介绍主题大意,紧接着是关键词。如果想要了解关于主题更多的内容,可以阅读"你知道吗"部分,或者按照箭头指示阅读相关条目。

简介: 这部分是关于主题的简要介绍和一些基础知识。

箭头: 延伸阅读,如果你想了解更多,请直接翻到箭头所指的那页。例如(➡26)表示向后翻到第26页。(⬅6)表示向前翻到第6页。

你知道吗: 向小读者介绍更多有趣的知识点。

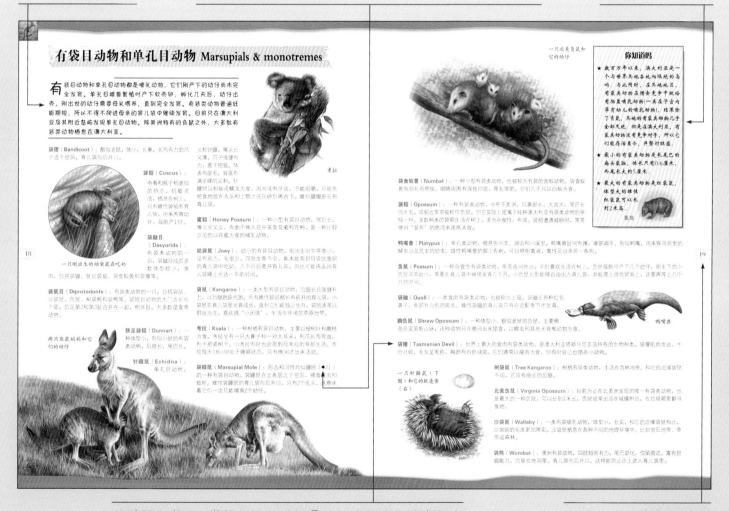

有袋目动物和单孔目动物 Marsupials & monotremes

有 袋目动物和单孔目动物都是哺乳动物,它们刚产下的幼仔尚未完全发育。单孔目雌兽繁殖时产下软壳卵,孵化几天后,幼仔出壳,刚出世的幼仔需要母乳喂养,直到完全发育。有袋类动物普遍妊娠期短,所以不得不躲进母亲的育儿袋中继续发育。目前只在澳大利亚及其附近岛屿发现单孔目动物。除美洲特有的负鼠之外,大多数有袋类动物栖息在澳大利亚。

袋狸(Bandicoot): 酷似老鼠,体小、长鼻,长而有力的爪子适于挖洞,育儿袋向后开口。

袋貂(Cuscus): 有着和猴子相类似的特点,抓取灵活,栖息在树上。只有雌性袋貂有育儿袋,用来养育幼仔,每胎产1只。

袋鼬目(Dasyurids): 有袋类动物的一目,袋鼬目囊括多数体型较小的,食肉、包括袋鼬、狐尾袋鼬、袋食蚁兽和袋獾等。

袋鼠目(Diprotodonts): 有袋类动物的一目,包括袋鼠、沙袋鼠、负鼠、树袋熊和树袋鼠等,袋鼠目动物的大门牙长在下颚,后足第2和第3趾合并在一起,称并趾。大多数是食草动物。

狭足袋鼩(Dunnart): 一种体型小,形似小鼠的有袋类动物,后肢长、尾巴长。

针鼹鼠(Echidna): 单孔目动物。

又称针鼹。嘴又长又尖,爪子细健有力,善于挖掘。体表有皮毛,背面布满尖锐硬刺的尖刺,针鼹以蚂蚁或蠕虫为食。因为没有牙齿,不能咀嚼,只能夹把食物送入舌和上颚之间压碎后再吞下。雌性针鼹腹部长有育儿袋。

蜜袋貂(Honey Possum): 一种小型有袋动物,尾巴长,擅长长长又尖,有助于伸入坚硬花朵觅取花蜜和水分。是一种比较少见的以花蜜为食的哺乳动物。

幼袋鼠(Joey): 幼小的有袋动物,刚出生时非常弱小,没有视力,毛很少,四肢发育不全,最基础要到母袋鼠腹部的育儿袋中区域,几个月后就能到处爬动,但也可能再返回育儿袋停长达近一年的时间。

袋鼠(Kangaroo): 一类大型有袋动物,后肢长且强健有力,可跳跃前进代替走,前足短小短,尾巴长而有力,幼小袋鼠在育儿袋里发育完成后,直到它们能独立生活,袋鼠通常以群居为主,喜欢成"小团体",生活在开阔的草原地带。

考拉(Koala): 一种树栖有袋动物,主要以桉树叶和嫩枝为食。行动缓慢,喜欢独居。考拉性情温顺,样子呆萌可爱,树干和树枝平时,小考拉有时候也会配合母亲的脊部生活,这种树栖的生活,只有偶尔才会爬到地上来。

袋鼹鼠(Marsupial Mole): 形态和习性均似鼹鼠(➡21)的一种有袋动物。袋鼹鼠在土表层之下挖洞,捕食昆虫和蚯蚓,雌性袋鼹鼠的育儿袋向后开口,只有1个乳头,意味着它们一次只能哺育2个幼仔。

两只袋鼠妈妈和它们的幼仔

一只刚出生的幼袋鼠在吃奶

考拉

一只北美负鼠和它的幼仔

袋食蚁兽(Numbat): 一种小型有袋动物,也被称为有袋的食蚁动物。袋食蚁兽前部长有带纹,眼睛周围有深色印迹,尾巴浓密。它们几乎以白蚁为食。

袋貂(Opossum): 一种有袋类动物,分布于美洲,口鼻部长,大齿尖,尾巴长而有力。多数有袋貂生活在树上,多为杂食性,有袋。袋貂遇到危险时,常常使用"装死"的绝活来逃避天敌。

鸭嘴兽(Platypus): 单孔类动物,栖息在河滨、湖泊和小溪里。鸭嘴兽前爪有蹼,嘴部扁平,形似鸭嘴,用来探寻泥里的蠕虫以及昆虫的幼虫。雄性鸭嘴兽的脚上有刺,可以喷射毒液,前肢足以杀死一条狗。

负鼠(Possum): 一种杂食性有袋动物,常常夜间外出,平时喜欢生活在树上。负鼠每胎产下6个幼仔,刚生下的小色鼠常常状小,需要在育儿袋内继续发育7个月,小负鼠长能够自由出入育儿袋,并能爬上母负鼠背上,还要再等几个月的时间。

袋鼬(Quoll): 一类食肉有袋动物,也被称为土猫。袋鼬长有红色鼻子,有部有白色的斑点。雌性袋鼬的育儿袋只在交配季节发育。

鼩负鼠(Shrew Opossum): 一种体型小,貌似老鼠的负鼠,主要栖息在安第斯山脉。这种动物只在晚间出来猎食,以蠕虫和其他无脊椎动物为食。

袋獾(Tasmanian Devil): 世界上最大的食肉有袋动物,是澳大利亚塔斯马尼亚岛特有的生物动物种。袋獾肌肉发达,十分凶猛,毛发呈黑色,胸部有白色块斑。它们通常以腐肉为食,但有时自己也猎杀小动物。

树袋鼠(Tree Kangaroo): 树栖有袋类动物,生活在雨林地带。和它的近缘袋鼠不同,它没有细长的后肢。

北美负鼠(Virginia Opossum): 目前为止在北美洲发现的唯一有袋动物,也是最大的一种负鼠,可以长到1米长。负鼠经常出没在城镇附近,在垃圾堆里翻寻食物。

沙袋鼠(Wallaby): 一类有袋哺乳动物,体型小,壮实,和它的近缘袋鼠相比,沙袋鼠的毛皮更加厚实。沙袋鼠栖息在各种不同的地理环境中,比如岩石地带、草原或森林。

袋熊(Wombat): 澳洲有袋动物,四肢短而有力,尾巴退化,仅留痕迹。富有挖掘能力,穴居在地洞里。育儿袋向后开口,这样能防止尘土进入育儿袋里。

一只针鼹鼠(下图)和它的软壳卵(右)

你知道吗

★ 数百万年以来,澳大利亚是一个与世界其他各地相隔绝的岛屿。与此同时,在其他地区,有胎盘哺乳动物在竞争中胜给有胎盘哺乳动物(一类孕在子宫内的孕育幼儿的哺乳动物),结果除了鼠窜,其他的有袋类动物几乎全部灭绝。但是在澳大利亚,有袋动物没有竞争对手,所以它们能够存活至今。

★ 最小的有袋类动物是长尾巴的乌头袋鼩,体长只有0.6厘米,而尾巴长大约5厘米。

★ 最大的有袋类动物是红袋鼠,体型大的雄性红袋鼠可长到2米高。

鸭嘴兽

袋熊

关键词和条目: 带颜色的关键词是这一主题中小读者们应该了解的知识点,后面的文字是对这个词语的详细解释。

页码: 让小读者轻易找到自己想看的那页。

动物王国 Animal kingdom

柳莺，鸟类
（左图）

海星，棘皮类动物

日本仙，鱼
类（右图）

千足虫，多足类
动物（右图）

水母，刺
胞动物

龙虾，甲
壳类动物

食鸟蜘蛛，
蛛形动物

动物是一种可以感知周围环境并能独立自由移动的生命有机体。动物由许许多多微小的细胞组成，靠吃其他生物，如植物、真菌、细菌或其他动物来获得能量和营养。动物种类比世界上其他任何一个类群的种类都要繁多。我们目前发现的动物就已经大约有200万种，但科学家们推断还有多达3000万个动物物种尚未被发现。

树栖动物（Arboreal Animals）：以攀附和依靠树木为主要生活方式的动物的总称。

两栖动物（Amphibians）：是变温脊椎动物。多数两栖动物需要在水中产卵，幼体生活在水中，用鳃呼吸，经变态发育，成体用肺呼吸。

水生动物（Aquatic）：一生中大部分时间生活在水中的动物。

鸟类动物（Birds）：鸟类属于恒温脊椎动物。长有四肢，前肢进化成了翼。鸟类没有牙齿，却有长着角质的喙，体表有羽毛。

吃嫩叶的动物（Browsers）：以树叶、嫩枝为食的动物。

保护色（Camouflage）：是一种很好的自我保护方式。动物通过改变自身颜色和形状，将自己隐藏在周围的环境中，躲过天敌和猎物的视线。

食肉动物（Carnivore）：泛指一切以其他动物为主要食物的动物。

腐肉（Carrion）：指动物死后尸体腐烂的肉。

变温动物（Cold-blooded）：体温随环境温度的改变而变化的动物。它们主要依靠晒太阳来维持体温和生理机能，以保证正常的活动。

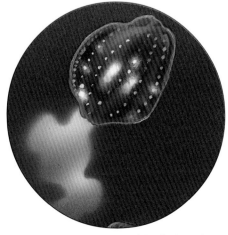

红栉水母：栉水母动物中的一种

鱼类（Fish）：终年生活在水中，用鳃呼吸的变温脊椎动物。主要有两种鱼系：一种是软骨鱼系，如鲨鱼和鳐形目鱼；另一种是硬骨鱼系。

植食性动物（Herbivore）：泛指只以植物组织为食物的动物。

冬眠（Hibernation）：某些动物在冬季时生命活动处于极度降低的状态。新陈代谢减慢，从而保证生命活动的继续。睡鼠、青蛙、蛇、乌龟等都有冬眠行为。

草食性动物（Grazer）：泛指以草为食的动物。

无脊椎动物（Invertebrates）：是背侧没有脊柱的动物。它们包括昆虫类、蛛形类动物、多足类动物、蠕形动物、甲壳类动物、棘皮类动物、软体动物、海绵动物、腔肠动物和栉水母动物。

哺乳动物（Mammals）：动物界脊索动物门动物。胎生和哺乳是哺乳动物最显著的特征，所有的哺乳动物都是恒温动物。除一些海洋哺乳动物，如海豹、鲸鱼和海豚等外，大多数哺乳动物长有四肢，身上被有毛发。

乳腺（Mammary Gland）：雌性哺乳动物器官。乳腺能够分泌营养丰富的乳汁，从而为新生幼仔提供食物。幼仔靠吸吮母乳一天天长大强壮，这样也不用再浪费体力去找寻其他的食物。

动物迁徙（Mgration）：指的是动物由于繁殖、觅食、气候

海豚，水生哺乳动物（右图）

变色龙，爬行动物（右图）

章鱼，软体动物（下图）

瓢虫，昆虫类（右图）

青蛙，两栖动物

蚯蚓，环节动物

动物分类

地球上的生物形形色色，根据它们的不同特征可以分门别类地区分它们，并反映它们之间的亲缘关系。这里我们以狮子为例，从小到大来阐述动物的分类。

种：是生物分类学研究的基本单位。如狮子有着独一无二的身体结构，并可以交配繁衍后代。

属：由一个或多个物种组成，它们具有若干相似的鉴别特征，或者具有共同的起源特征。如豹属包括4个种类动物：狮、虎、美洲豹和豹。

科：豹属属于猫科动物。所有的猫科动物个体彼此相似，只以肉类为食。然而，它们的身体大小有明显差异，栖息地和捕猎行为均有所不同。

目：猫科动物属于食肉目动物。所有的肉食动物均长有有力的下颚和锋利的牙齿，大部分是猎杀好手。

纲：食肉目动物属于哺乳纲动物。所有的哺乳动物都是恒温动物，雌性哺乳动物会利用自身分泌的乳汁喂养幼仔。

门：脊索动物门包括所有脊椎动物，如哺乳纲动物。

界：动物界包含所有动物，脊索动物门是动物界30多门中的一门。

变化等原因，在一年中的某个期间从一个区域迁移到另一个区域的现象。

动物夜行性（Nocturnal）：指动物具有的白天休息，夜晚出没，进行摄食、生殖等活动的特性。

杂食动物（Omnivore）：泛指既吃植物，又吃动物的动物。

捕食者（Predator）：泛指猎杀其他动物为食的动物。

猎物（Prey）：指被捕食者猎杀的动物。

爬行动物（Reptiles）：爬行动物是一类恒温脊椎动物。动物表面覆盖着保护性的鳞片或坚硬的外壳，包括龟、蛇、蜥蜴、鳄等。大部分的爬行动物是卵生方式繁殖，也有些发育成仔体后产出。

食腐动物（Scavengers）：指以被其他动物猎杀的动物尸体或腐烂物质为食物的动物。

物种（Species）：身体构造和形态极为相似的一群动物即为一个物种。同一物种的各个成员间可以正常交配并繁育出有生殖能力的后代。

脊椎动物（Vertebrates）：泛指有脊椎骨的动物，哺乳动物、鸟类、爬行动物、两栖动物和鱼类等都属于脊椎动物。按照动物分类学，脊椎动物门又被称作脊索动物门。

恒温动物（Warm-blooded）：指的是那些不依赖外界温度而能够自我调节体温的动物。它们通过新陈代谢维持稳定的体温。

两栖动物 Amphibians

火腹蟾蜍

两栖动物是变温食肉动物，包括蛙类、蟾蜍类、蝾螈和蚓螈等。两栖的意思是"双重生活"。大多数两栖类动物幼体生活在水中，用鳃呼吸；成体可以在陆地上生活，用肺呼吸，繁殖时再返回水中产卵。多数成年两栖动物也能通过皮肤呼吸，因此它们必须保持其体表湿润，所以它们大多生活在潮湿、凉爽的环境中。

许多两栖动物的皮肤可以产生有毒物质，体表上艳丽的斑纹也在警示天敌：它们并不美味。

日本大鲵

美西螈（Axolotl）：美西螈是水栖的两栖动物，又名墨西哥钝口螈。成体美西螈仍然保持它的幼体形态，比如羽状鳃，但这并不影响它的繁殖。

牛蛙（Bullfrog）：北美最大的蛙类，成蛙体长20厘米。食物范围广泛，包括鸟类和老鼠。牛蛙因其交配鸣叫声大而且洪亮，酷似牛叫而得名。

蚓螈（Caecilian）：蚓螈是一类两栖动物，体长，无四肢，外形像蛇，眼睛小且几乎无视力。蚓螈主要分布在热带地区，生活在地下。

两栖鲵（Congo Eel）：两栖鲵属于蝾螈目动物。分布在北美洲，身体细长，四肢细弱短小、没有任何作用。两栖鲵常栖息于溪流底部，食物以青蛙、鱼和蛇为主。

达尔文蛙（Darwin's Frog）：产于南美的一种小型尖吻蛙。雄蛙将卵放在喉咙下面的声囊中孵化，变态发育完成后，再将小蛙从口中吐出。

火腹蟾蜍（Fire-bellied Toad）：火腹蟾蜍产于亚洲，腹部颜色鲜艳。受到威胁时，举起前肢，头和后腿拱起过背，形

成弓形，显露出腹部醒目的色彩，向捕食者暗示它的皮肤有毒。这种对险情的反应，称作预感反射，许多动物都会作出相似的反应。

火蝾螈（Fire Salamander）：是欧洲最为著名的一种蝾螈目动物。火蝾螈体呈黑色，附有黄色斑点或斑纹。火蝾螈生活在凉爽的森林或山区。

飞蛙（Flying Frog）：属于蛙类，拥有网状的脚趾，这有助于在树枝上跳跃滑翔。有些飞蛙一次能滑翔15米以上。

青蛙（Frog）：属于两栖动物，体型短小，没有尾巴，后肢较长，皮肤光滑。青蛙生活在陆地、林间或水里。青蛙擅长跳跃，游泳速度非常快。

鳃（Gills）：水生动物的呼吸器官。当水流经鱼的鳃部时，溶解在水中的氧通过气体交换进入血液。两栖动物幼体的鳃呈瓣状，裸露在外。

日本大鲵（Japanese Giant Salamander）：是世界上最大的两栖动物，体长可达1.5米。生活在适合它硕大身体生存的河流中。大鲵用它张开的大嘴吸食鱼和蠕虫。

幼体（Larva）：动物在经历变态发育前的幼小个体，与成体形状截然不同。例如，许多两栖动物的幼体有鳃和尾，但成体的鳃和尾则在变态发育中消失了。

树蛙（上）
将卵背在背上的雌性负子蟾（下）

青蛙的生命周期

小蝌蚪用鳃来呼吸，借助尾巴在水中游泳

蛙卵

蛙卵孵化出蝌蚪

变态发育（Metamorphosis）：某些动物在从幼体发育到成体的过程中，发生的形态、习性的变化。

产婆蟾（Midwife Toad）：产婆蟾主要分布在欧洲和北非，体色深灰。雌蟾的卵受精后，雄蟾将卵缠绕于后肢上加以保护，直到幼体破卵壳而出。

鼹钝口螈（Mole Salamander）：是生活在北美的蝾螈目动物，身体较粗，体表有鲜艳的斑纹。成体栖息于洞穴内，仅繁殖期返回溪水中产卵。

斑泥螈（Mudpuppy）：是分布在北美的水生蝾螈目动物，终身保留外鳃。因成体能像小狗一样汪汪叫而又得名"水狗"。

水蜥（Newt）：属于蝾螈目动物，尾巴长，呈扁平状。多数种类的水蜥体色鲜艳，警告来犯的敌人自己有毒。

洞螈（Olm）：大型水生蝾螈，主要分布在欧洲，栖息于溶洞中。洞螈全身呈白色，眼睛退化，没有视力，羽状鳃裸露在体外。

一只成体雄性大冠毛蝾螈

毒箭蛙（Poison-arrow Frog）：主要分布在中美洲和南美洲的热带雨林。毒箭蛙可分泌出一种很强的毒素，常常被当地人涂抹在飞镖或箭头上来狩猎。

蝾螈（Salamander）：蝾螈属于两栖动物，身体较长，并且长有一条长长的尾巴。有些蝾螈完全水栖，而有一些则生活在陆地上，生活在陆地的蝾螈回到池塘或溪流只是为了产卵。

蓝火蜥蜴

飞蛙

鳗螈（Siren）：一种仅有细小前肢的水生蝾螈。

卵团（Spawn）：水生动物如青蛙和蟾蜍包裹着胶质膜的卵。青蛙和蟾蜍产卵后任其卵自己孵化，还有一些水生动物将卵置于背上或口中加以保护至孵化。

蝌蚪（Tadpole）：蝌蚪是蛙、蟾蜍等两栖动物的幼体。早期的小蝌蚪用鳃呼吸，依赖尾巴在水中游泳。慢慢地它们长出四肢，肺部得到发育，最终尾巴消失。

蟾蜍（Toad）：属于两栖动物，没有尾巴，身体宽短粗壮，皮肤一般都很粗糙，体表有许多疙瘩。四肢较青蛙短，所以不能像蛙类一样远距离跳跃，只能爬行或小步短距离小跳。

树蛙（Tree Frog）：在林区栖息、捕食的一种蛙类。它们的指尖有吸盘，可以让它们在树上不掉下来。多数种类的树蛙会离开树木，来到水池或河流产卵，但也有树蛙选择在垂向水池的枝叶上产卵。

声囊（Vocal Sac）：大多数雄性蛙类咽部突出的薄膜囊，起到扩大声音的作用。雄蛙的大声鸣叫是用来吸引配偶或抵御对手的。

蝌蚪长出后肢，肺开始发育

此时的蝌蚪由水生转化为水陆两栖，开始长前肢（上图），前肢长出后，尾部开始退化。眼睛越来越大，嘴巴越来越宽，最后发育成成体蛙（右图）

龟和鳄鱼 Turtles & crocodiles

龟 属于爬行纲龟鳖目龟科动物。有坚硬的保护壳，喙状嘴。龟鳖目是动物分类中较大的一目，包括淡水龟、海龟和陆龟。鳄鱼以及和它有亲缘关系的短吻鳄和印度鳄属于肉食性爬行动物，它们大部分时间生活在水里。所有的龟和鳄鱼都在陆地上产卵。

短吻鳄（Alligator）：属于大型爬行动物，与鳄鱼有亲缘关系。短吻鳄的嘴比其他鳄类的嘴要宽。目前主要有两种短吻鳄，分别是美国短吻鳄（密河鳄）和中国短吻鳄（扬子鳄）。美国短吻鳄栖息在北美东南部的沼泽地；中国短吻鳄濒临绝种，只生长在长江沿岸的淡水地区。短吻鳄可长到6米长。

一只刚刚孵化出来的小鳄鱼

凯门鳄（Caiman）：产于美洲南部和中部，和短吻鳄有亲缘关系，同属于短吻鳄科。凯门鳄腹部鳞甲厚重，通常比短吻鳄体型小，但黑凯门鳄体长可达5米。

背甲（Carapace）：龟、鳖等爬行动物背部拱起的骨质硬甲，连接动物的肋骨和脊椎，在身体侧面的甲桥部分与腹甲连接起来。大多数海龟的背甲很平，呈流线型，适宜游泳；陆龟的背甲呈拱状，上面覆盖着角质鳞片。

鳄鱼（Crocodile）：属于水生爬行动物，性情凶猛，有角质鳞片的护甲，颚长而有力，下颚的两颗牙齿即使在嘴合上时也依稀可见。鳄鱼大多数生活在热带河流和湖泊中。两种最大种类的鳄鱼分别是尼罗鳄和咸水鳄，体长均可达7米。鳄鱼常常埋伏在水边，能够把像羚羊这样的大型猎物轻易地拖到水下溺死，然后美餐一顿。

鳄目（Crocodilians）：爬行纲的一目，包括鳄鱼、短吻鳄、印度鳄和凯门鳄。水生食肉爬行动物，颚长而有力，尾长而粗壮，四肢粗短，牙齿锋利。眼睛、鼻孔长在头部顶端，所以它们可以将自己的身体几乎完全隐藏在水下。鳄目动物大部分栖居在河流和湖泊中，捕食的猎物无所不包，包括鱼类、鸟类和哺乳动物。

一只潜伏在红树林沼泽里的鳄鱼

枯叶龟（河龟）

曲颈龟亚目（Cryptodira）：曲颈龟亚目包括现存的大多数龟鳖类，头和颈能缩入壳里，因此又称为隐颈亚目。曲颈龟亚目分布广泛，在世界上大多数温暖地区的陆地、淡水和海洋中均能见到。

淡水龟（Freshwater Turtle）：栖息在淡水池塘、湖泊或河流的龟类。淡水龟，有时也称作水龟，包括鳖、钻纹龟、锦龟以及有攻击性的啮龟。

恒河鳄（Gharial）：一种水生爬行动物，别名长吻鳄。吻细长，牙齿尖锐，栖息在印度次大陆的河流中，仅以鱼类为食。体长可达7米，是灵活的游泳健将。

斑点楔齿蜥，爬行纲楔齿蜥目仅有的一种动物

鳄鱼一家在阳光下取暖，提升体温，以使它们有能量四处活动猎食

腹甲（Plastron）： 龟科动物腹部扁平的硬甲，连接动物的胸骨，在身体侧面的甲桥部分与背甲连接起来。

侧颈龟亚目（Pleurodira）： 又称侧颈龟，主要特征是头部不能缩入壳内，遇到威胁时，颈部侧向将头藏在背、腹甲之间。

海龟（Sea Turtle）： 海龟栖息于海洋中，现有7种海龟：平背龟、绿海龟、玳瑁龟、坎皮海龟、榄鳞龟、棱皮龟和巨龟。除了绿海龟以海草和藻类为食外，其他大多数海龟以水母、鱼类和甲壳类动物为食。睡觉时，海龟可以屏住呼吸在水下待上3小时。最大的海龟是体长3米的棱皮龟。

陆龟（Tortoise）： 陆龟是完全陆栖性的龟类，四肢粗短，有硬鳞，脚趾非常短。陆龟行动缓慢，可将头和四肢缩入壳内，来保护自己免受掠食者的威胁。食物以植物为主。巨型陆龟体长超过1米，并且寿命长，可活大约200年。

棱皮龟没有角质盾片，厚厚的革质皮肤由许多小骨板镶嵌而成

巨型陆龟

斑点楔齿蜥（Tuatara）： 斑点楔齿蜥分布在新西兰本岛及其周围的小岛上，形状看似蜥蜴，但实际上与蜥蜴无任何亲缘关系，是目前地球上先于恐龙时代唯一存活下来的一种爬行动物。身体呈绿色，背上鳞冠可突起，作为威胁敌人的武器。斑点楔齿蜥是夜行性动物，食昆虫、蠕虫和小蜥蜴。楔齿蜥寿命长，有些可以活到120多岁。

蜥蜴与蛇 Lizards & snakes

红尾游蛇是一种大蟒

蜥蜴和蛇都属于爬行纲有鳞目，周身覆盖角质鳞片。几乎所有种类都是肉食性的，卵生，少数种类（如蟒蛇）是卵胎生。蜥蜴大多是小型爬行动物，长有四肢，有尾巴。有些蜥蜴居住在洞穴中，但大多数栖于树上。蛇的身体和尾巴都是细长的，没有四肢。因为拥有特殊的骨骼构造、结实的肌肉以及灵活的关节，蛇能够快速滑行、挖洞穴居、在水里游泳。蛇的颚部能大角度地开合，因此能吞食比自己身体庞大的猎物。

飞蜥科（Agamid）：蜥蜴亚目的一科，又称为飞龙科。四肢粗壮，雄性往往体色鲜艳。飞蜥科包括松狮蜥和摺鳃蜥。

盲蛇（Blind Snake）：体型较小、栖居热带洞穴的一种蛇。盲蛇的眼睛特别小，头部呈圆形，适宜在土里穿行。

蟒（Boa）：生活在中、南美洲的一种大蟒，胎生。蟒包括4米长的巨蟒和体长可达到8.5米长的水蟒。

变色龙（Chameleon）：变色龙是蜥蜴的一种。变色龙的尾巴常常蜷曲（➡23），指和趾非常适于握住树枝。变色龙的舌头很长，能够分泌大量黏液，可以粘住昆虫。变色龙善于随环境的变化而随时改变自己身体的颜色。

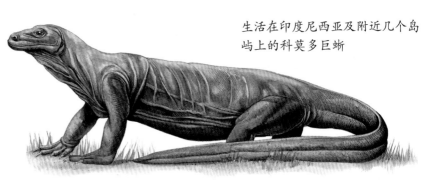

东南亚常见的一种壁虎

眼镜蛇（Cobra）：有着兜帽状颈部的一种毒蛇。眼镜蛇在口腔前部长有两颗毒牙，用来在猎物身上注射毒液，猎物会因中毒全身瘫痪而致命。眼镜王蛇是最大的毒蛇，体长可达5.5米。

大蟒（Constrictor）：一种将猎物卷缠绞死的蛇。每次只要猎物还有一口气，大蟒都会用身体紧紧缠住它，直到它窒息死亡。多数大蟒都善于伪装来逃避危险。

游蛇（Colubrid）：游蛇腹部有一单排大块光滑鳞片。游蛇科中大多数种类蛇（不是全部）是无毒的。所有蛇类中大约有2/3的蛇属于游蛇科，包括花纹蛇、乳蛇和树蛇。

珊瑚蛇（Coral Snake）：一种纤细、有毒的蛇，身上长有红色、黑色、黄色或白色的环状条纹。这些鲜明的色彩在警告其他动物它是危险的。

飞蜥（Flying Lizard）：生活在东南亚的一种蜥蜴，身体两侧的翼膜像降落伞一样，飞蜥凭借这翼膜，可以在树林之间自由地滑翔。翼膜靠肋骨支持，滑翔时翼膜向外展开；不用时，翼膜折向体侧背方。

壁虎（Gecko）：壁虎是蜥蜴目的一种，体小且肥短，趾上密布细毛，有黏附能力，可在墙壁或光滑的平面上迅速爬行。壁虎是唯一一种可以相互间发出特有叫声来交流的蜥蜴目动物。

希拉毒蜥（Gila Monster）：是北美沙漠地区最有名的一种有毒蜥蜴。希拉毒蜥行动缓慢，以蛋类为食，过剩的养分会储存在它们粗大的尾部。

希拉毒蜥

鬣蜥（Iguana）：一种热带素食性蜥蜴。绿鬣蜥是一种树栖型蜥蜴，背上有波峰状棘鬣。海鬣蜥是唯一一种海栖蜥蜴。鬣蜥科中还包括变色蜥、蜥怪和角蜥等。

无足蜥（Legless Lizard）：一种没有四肢的蜥蜴，比如蛇蜥或脆蛇蜥都属于无足蜥。蛇蜥有外耳孔及可活动的眼睑，这是区别于蛇的主要依据。

曼巴蛇（Mamba）：生活在非洲，行动非常迅速的一种剧毒蛇。曼巴蛇移动速度可达每小时20千米。最令人畏惧的蛇是黑曼巴蛇，其毒液可在20分钟内致人死亡。黑曼巴蛇口腔乌黑，体色为灰褐色，而其他种类的曼巴蛇身体都是绿色的。

巨蜥（Monitor Lizard）：顾名思义，巨蜥是一种体型巨大、食肉性蜥蜴。巨蜥包括泽巨蜥、鳄鱼巨蜥和科莫多巨蜥。科莫多巨蜥剧毒，体长3米，是世界上最大的一种蜥蜴。巨蜥主要

生活在印度尼西亚及附近几个岛屿上的科莫多巨蜥

以腐肉为食，有时也伏击强大的猎物，出其不意将其生吞。

巨蟒（Python）：巨蟒头部有热能感应器官，用来感知周围猎物的准确位置。网纹巨蟒是世界上最长的蛇，长达10米。

响尾蛇（Rattlesnake）：一种美洲毒性很强的蛇，其特征为尾部有响环。受惊时，迅速摆动尾部的响环，发出"嘶嘶"的声响，向入侵者发出警告。多数种类响尾蛇背部有菱形斑纹。所有响尾蛇都是卵胎生。

海蛇（Sea Snake）：栖息在海洋里的蛇类。海蛇大约有60种，全部有毒。海蛇尾巴扁平，利于在海中游泳。许多海蛇体表有斑纹。

一条正准备将海狸鼠缠死的巨蟒

皮瓣颈变色龙

盾尾蛇（Shieldtail snake）：分布于南亚的穴栖蛇类。盾尾蛇的尾部末端有大型角质盾状物。所有种类的盾尾蛇都是无毒的。

石龙子（Skink）：一种较小的蜥蜴，体长，肢短。有些种类的肢体或已完全退化。石龙子多隐匿地下或穴居。

毒液（Venom）：某些动物身上的一种有毒物质。毒蛇头部有毒腺，能分泌毒液。毒蛇在防御或攻击其他猎物时，毒液经由毒牙注射到猎物体内，致使猎物全身麻痹瘫痪而死。

毒蛇（Viper）：指有毒的蛇。毒蛇的特征是具有一对长且中空的注射毒液的牙齿，不用时可折回嘴内。在眼和鼻孔之间有颊窝的颊窝毒蛇（如响尾蛇）具热能感受器，用于探寻猎物。

壁蜥（Wall Lizard）：分布在欧洲、亚洲和非洲的一种蜥蜴。壁蜥体型纤细，尾巴长，头部和腹部有大型鳞片。有些种类壁蜥是卵胎生。

鞭尾蜥蜴（Whiptail Lizard）：体型狭长，尾巴像鞭子一样细长的一种蜥蜴。在美洲又被称作壁蜥。

关键词

① 安乐蜥 ② 水蜥 ③ 绿鬣蜥

你知道吗

★ 蛇是从四足动物进化而来的。有些种类的蛇，比如蟒蛇，幼体上还能找到小脚状隆起物。

★ 蜥蜴和蛇类用它们伸出的舌头来收集测试空气中、土地上的各种气味，凭气味来追踪猎物。

★ 蛇类每隔一段时间就要蜕去皮肤最外面一层角质鳞，有些蛇一年最多会进行6次蜕皮。蛇类通过蜕皮不仅把最外层的受损旧皮替换掉，顺便也能去掉以前附着在旧皮上的寄生虫。蜥蜴蜕皮时是整个一大片角质皮层从身体上剥落下来的。

★ 蛇类没有可以活动的眼睑，但在眼睑的位置长有透明的眼膜。

眼镜蛇

鸟 Birds

鸟是两足、恒温的脊椎动物，前肢演化成了翅膀。鸟是唯一一种体表被覆羽毛的动物；骨骼轻，骨头是空心的，里面充有空气，这是鸟类适应飞行生活的结构特征。鸟喙一般狭长尖细，嘴里没有牙齿。大多数鸟类都会飞行，只有少数例外。鸟是卵生动物，多数种类的鸟会一直保护幼鸟，直到它们飞离巢穴。一些种类的鸟会在冬季迁徙到气候温暖的地区过冬。大多数鸟以昆虫和种子为食，也有一些体型较大的鸟食肉。

羽支（Barb）：羽支平行地斜长在羽轴两侧，羽支上同样地长有带小钩的羽小支，羽小支将羽支钩连在一起，组成扁平而有弹性的羽片。

鸟嘴（Bill）：鸟的口器部位外层坚硬部分，又称作喙。由轻薄的、中空的骨头构成，被角质的鞘覆盖，起到唇和齿的作用。喙的主要功能是取食、梳理羽毛、争斗和筑巢等。喙的形态由于鸟类不同的生活和捕食习性而有很大差异。

鸟鸣（Bird Call）：鸟之间互相交流时发出的声音。当鸟发出简单短促的叫声时，意思是告知同伴有险情或食物的所在。而稍长较复杂的叫声则称为鸟鸣，常用来确立自己的领地、警告入侵者或者吸引配偶。

孵卵（Brooding）：鸟产卵后，伏在卵上加温孵化的过程，称为孵卵。但并非所有的鸟类都有孵卵的习性。

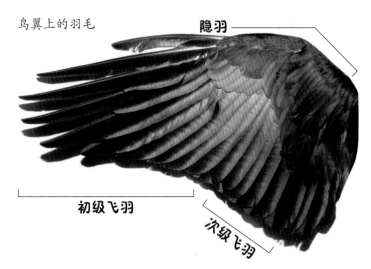

鸟翼上的羽毛　　隐羽

初级飞羽　　次级飞羽

正羽（Contour Feathers）：指覆盖鸟类体表、翼部和尾部最表面的羽毛，它使多数鸟类呈流线型，减少空气阻力。但对于一些不会飞的鸟而言，正羽仅仅是为了炫耀。

覆羽（Covert Feathers）：指在鸟的翼、尾部与飞羽重叠的短小羽毛，它使鸟的身体流线型呈现得更加完美。

羽冠（Crest）：指长在有些鸟类头顶的一簇羽毛。有些种类的鸟，比如凤头鹦鹉，可通过收展羽冠与它们的同伴沟通，也可使自己在对手面前显得更加威武强大。

鸟嘴的各种形状：

火烈鸟涉行浅滩，觅食时头往下浸，嘴倒转，滤出水中能吃的小动物和植物

朱鹭的喙细长弯曲，可以像刀一样刺中水中的鱼

秃鹫带钩的嘴强劲有力，可以轻而易举地啄破和撕开动物尸体

金刚鹦鹉有力的喙可将坚果啄开

一只飞行中的金刚鹦鹉：金刚鹦鹉向背部上方展开翅膀（1）；两翅不断上下扇动（2）；翅膀的扇动使鹦鹉飞得更高、更远（3）

绒羽（Down Feathers）：指紧贴在鸟类皮肤的那层柔软蓬松的羽毛。绒羽可以隔绝外界冷空气的入侵，起到保暖作用。绒羽也是雏鸟最初的羽毛。

羽毛（Feathers）：羽毛具有飞翔、保暖、防水等功能，由角蛋白构成，和在我们的指甲中发现的成分相类似。每片羽毛都有一个中心轴，称为羽轴，羽轴两侧斜生许多并行的羽支，羽轴末端为羽根，深植于皮肤中。

雏鸟（Fledge）：雏鸟指的是刚刚长出羽毛的幼鸟。长出了羽毛的幼鸟可以初次离巢了。

野鸭的脚趾

水雉的脚趾　　啄木鸟的脚趾　　鹗的脚趾

鸟足的形状：野鸭脚趾间有蹼，适于游泳；而水雉的脚趾很长，可在睡莲上行走时分散身体的重量；啄木鸟的爪子强劲有力，可以紧紧地抓住树木；鹗的脚趾有锐爪，可以像钳子一样牢牢地抓住黏滑的鱼的身体

飞羽（Filght Feathers）：鸟翼区后缘所长的一列坚韧较长的羽毛。鸟飞行时，飞羽起到增加飞行高度、控制方向和速度的作用。飞羽由外层大片的初级飞羽和里层小片的次级飞羽组成。

鸟群（Flock）：指在一起活动或聚居的一大群鸟。迁徙中的鸟一般会结成群体，群体使它们得到更好的保护，带给它们安全感，同时成群结队也更容易发现天敌。

巢（Nest）：鸟类或其他动物在繁殖期间所建造的用于产卵和照顾幼仔的窝。鸟巢通常由泥土、青草和小树枝构筑而成，多呈杯状。动物常把自己的巢穴筑在树洞或地下洞穴等不易被天敌发现的地方。

全羽（鸟的全身羽毛）（Plumage）：指一只鸟身上的所有羽毛。鸟类要定期换羽，至少每年一次，绝大多数鸟的换羽是一个有规律的过程。同一种鸟类的羽毛会因性别不同而颜色各异：雄鸟通常羽毛颜色鲜艳，用来吸引配偶；而雌鸟羽毛的颜色要稍微柔和一些，利于在孵卵时隐蔽自己，不易被发觉。

整羽（Preening）：鸟类清洗整理羽毛的行为称整羽。鸟类通过整羽，抖掉羽毛间的尘埃或驱除寄生虫，使羽毛处于清洁、松软的良好状态。鸟类常以喙尖或脚趾梳理羽毛，拨顺紊乱的羽支。多数鸟类以喙啄取尾脂腺分泌的油脂来涂抹全身的羽毛，借油脂疏水的特点来防止羽毛入水湿透。

栖息处（Roost）：指鸟类（和蝙蝠）休息、睡眠的地方。鸟类常常在树上、岩洞或其他隐蔽的地方构筑它们的栖息场所。鸟类通常以群体方式聚居在一起。

足刺（Spur）：长在某些雄鸟（如雉和小鸟）腿部的尖刺称为足刺，搏斗时使用。

利爪（Talons）：猛禽锋利的脚爪，适合于抓捕地面猎物。

蹼足（Webbed Feet）：鸟足类型的一种。趾间具有较完整的蹼相连，形状如桨。蹼足有助于提高水生哺乳动物和鸟类的游泳速度。

翼（Wings）：鸟类的翅膀是由前肢转变来的，翅膀外面覆盖羽毛，翅膀的拍动由胸部肌肉控制。像野鸭一样起飞速度快的鸟类，翅膀较短、较尖，飞行时需要不断地上下扇动翅膀。体型较大的鸟类，如鹰，翅膀长，可随着气流滑翔。体型稍小的鸟类可以通过快速振动翅膀盘旋在空中。

羽片（Vane）：由羽支和羽小支连接在一起构成的羽毛的平整的表面称为羽片。

你知道吗

★ 鸟类长有异常大的肺和心脏，与肺部连接的气囊使鸟类即使在呼气时，肺也处于充气鼓胀状态，保证了鸟在飞行时的氧气充足，同时也有助于它们在空气稀薄的高海拔地区飞行。

★ 世界上最大的鸟：鸵鸟，身高达3米。

★ 世界上最小的鸟：蜂鸟，身长只有5.7厘米。

★ 鸟类掌控飞翔的胸肌是身体中最重最发达的部分。

★ 缝叶莺（右）用植物纤维或蜘蛛丝将植物叶片卷曲缝合来筑巢。

13

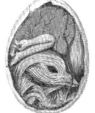

一只雏鸟在卵内发育，靠卵黄获得营养滋补

金雕产卵孵化的巢穴称作鹰巢

鹰一般在树上或高高的悬崖上建巢

鸟科动物 Bird families

目前世界上有1万多种鸟，分成许多不同的科目，其中最大的一目是雀形目（➡16）。以及和它们有亲缘关系的鸟类非雀形目包括不会飞的平胸目，及隼形目、鸡形目、水禽，还有其他水鸟，如企鹅、海鸥和涉水鸟等。

猛禽（Birds of Prey）：系食肉类鸟类，嘴锐利具钩，爪强劲有力。捕食地面动物的猛禽会进行突袭，猛扑并迅速抓取猎物。绝大多数种类的猛禽也食动物腐尸。猛禽具有良好的视力，可以在很高或很远的地方发现食物。

大鸨（Bustard）：筑巢于地面上的一种鸟，分布在非洲、欧洲和亚洲的平原地区。大鸨体重，呈棕色，腿长。

鹤鸵（Cssowary）：一种大型、体羽黑色、不能飞的鸟类，主要分布于澳大利亚、新西兰及其附近南太平洋诸岛，常栖息在热带雨林中。头顶有中空、高而侧扁的角质盔，可用来扩大自己低沉的叫声，使声音可以穿透树林。三趾中的中间脚趾有匕首一样锋利的爪子，可将天敌猛戳致死。

鹤（Crane）：一种大型涉禽，颈长，腿长。鹤飞翔时，修长的颈和腿向外舒展，十分美丽而优雅。求偶仪式复杂，多数是一夫一妻制，相伴终生。

鸭（Duck）：栖息在淡水或咸水水域的一种鸟类，通常在水中觅食，于陆地筑巢。鸭是杂食性动物，主食各种杂草、水生植物，兼吃鱼、昆虫和蠕虫等。有些鸭将头浸入水中进食，而有些则是潜入水中。所有鸭科动物都擅长游泳。

雕（Eagle）：一种大型猛禽，常将雕巢营筑于树上或悬崖上，每年会返回同一巢中产卵。大

丹顶鹤的求偶舞蹈

大利亚，颈长，腿长，黑色羽毛长而卷曲。是世界上第二大的鸟类。擅长奔跑，时速可达50千米。

隼（Falcon）：飞翔能力极强的一种猛禽，双翼长而尖。游隼垂直俯冲或快速坠落时，速度可达每小时320千米以上。还有一些种类如红隼可边在空中翱翔盘旋，边搜寻地上的猎物。

火烈鸟（Flamingo）：一种大型涉禽，因全身粉红色而得名。火烈鸟用喙滤取水中可食用的小虾和藻类，火烈鸟粉红色的颜色就是来自食物中的色素。

鸡形目（Gamefowl）：鸡形目在生物分类学上是鸟纲中的一个目。鸡形目的鸟体重，翅短，不善远飞。包括火鸡、鸡、珍珠鸡、山鸡和鹧鸪等，其中一些已被人类作为美食来养殖。

雁（Goose）：一种大型鸟类，颈长，喙锯齿状，有助于拽拉青草。雁经常栖息在水边，善飞翔。

鹰（Hawk）：一种中型猛禽，包括鸢、秃鹰和鹞等。绝大多数的鹰尾长，翼呈圆形，这使它们在追踪猎物时能够及时快速地改变方向。

鲣鸟：通体羽毛呈棕色，是海鸟的一种

多数雕以哺乳动物或其他鸟类为食。但也有少数例外，如海雕食鱼；蛇雕以爬行动物为食。

鸵鸟

鸸鹋（Emu）：一种大型不会飞的鸟类，生活在澳

鹭（Heron）：一种涉禽，颈长，腿长，喙长且细。鹭栖息在河流、湖泊或沼泽地带。它们常静立在浅水中等待捕食水生动物，遇到有鱼游过，会突然咬住不放。鹭在飞行时长颈会缩成S形。鹭科鸟类还包括颈部稍短的白鹭和麻鸭。

朱鹭（Ibis）：一种热带涉禽，嘴长而下弯，用来抓鱼或插入泥土觅食。朱鹭的亲缘物种琵鹭长有匙形的长喙。

水雉（Jacana）：一种产于热带的小型涉禽，羽毛有多种颜色。水雉脚趾很长，可以分散身体的重量，让它能在漂浮于

水面的睡莲上翻翻行走。

几维鸟（Kiwi）：一种小型不能飞行的鸟，生活在新西兰，浑身长满蓬松细密的羽毛，嘴长而尖细，是唯一一种鼻孔长在嘴巴尖端的鸟类，因此，它的嗅觉非常好，可以嗅到地下深处的虫子，把它们挖出来吃掉。

绿头鸭

鸵鸟（Ostrich）：一种产于非洲的不会飞的鸟。鸵鸟是世界上最大的鸟，将近3米高，也是两足动物中跑得最快的动物，时速可达70千米。鸵鸟蛋更是所有鸟蛋中最大的。

企鹅（Penguin）：企鹅没有飞翔能力，大多分布在寒冷的南半球海岸区域，在陆地上行走时，行动笨拙，但水中的企鹅动作优雅，且游泳速度非常快。为适应寒冷的生存环境，保持自身的体温，企鹅全身羽毛重叠、密接，皮下有一厚厚的称作鲸脂的脂肪层。

秧鸡（Rail）：经常栖息于池塘、河流或沼泽地附近的一种鸟类。为避过敌人，保护自己，许多种类的秧鸡具有外表颜色与周围环境相类似的保护色，但也有其他种类如白骨顶鸡，体表斑纹醒目。秧鸡中除几个不能飞翔的种类外，大多具有飞翔能力，但它们却很少飞行。

火鸡

平胸类鸟（Ratites）：是鸟纲下的一个总目，包括很多不能飞的鸟，如鸵鸟、美洲鸵、鸸鹋、鹤鸵、几维鸟等。平胸鸟大多身材高大，善于奔走，栖息于开阔的空地。

美洲鸵（Rhea）：一种身体硕大但不能飞行的鸟，主要分布于南美洲。美洲鸵颈长，腿长，体羽松软、呈暗灰色。

海鸟（Seabirds）：栖息于海里或大海附近的一类鸟。部分种类的海鸟会潜入水中觅食，还有一部分会飞掠水面，捕食近水面的鱼类。

鹳（Stork）：一种大型涉禽，喙长而宽大。相比鹤和鹭，鹳可以在更加干燥的环境下生存。有些体型较大种类的鹳，如非洲的秃鹳，甚至以腐肉（◀4）为食。

天鹅（Swan）：以颈部修长为主要特征的一种鸟类。天鹅是最大的水禽，擅长飞行，气候渐冷时，它们会长距离迁徙到较温暖的地方越冬，休养生息。

秃鹫（Vulture）：一类以食腐肉为生的大型猛禽。秃鹫头部裸出，易于食腐肉后进行清洗。

涉禽（Waders）：指那些适应在湿地生活的鸟类，它们的腿特别细长，习惯在浅水捕鱼，鹳类和鹭类等都属于这一类。

水禽（Waterfowl）：栖息在淡水地区的鸟类，包括各种鸭、雁和天鹅。水禽喜欢在水面游泳嬉戏，趾蹼起到船桨的作用。水禽以鱼类、无脊椎动物和植物为食。

你知道吗

★ 大多数在地面筑巢产卵的鸟类的幼雏出壳后，绒毛都很稠密。

★ 有些鸟之所以失去飞翔能力，是因为在自然界中缺少天敌（几维鸟就是一个很好的例子）；或是在长期的生活中生成了其他的防卫手段，如鸵鸟、鸸鹋和鹤鸵等可以用它们锋利的爪子来保护自己。

★ 许多雕以大中型猎物为食。角雕经常捕食猴子或树懒，并能抓起和其体重相当的猎物。

金雕

一群火烈鸟在浅水滩觅食

雀形目 Perching birds

雀形目包括多达6000种鸟，是鸟类中最为庞杂的一目。所有雀形目的鸟都栖息陆上，爪上有四趾，三趾向前，一趾向后。多数以种子和昆虫为食，但也有一些喜欢吃果实或花蜜。雏鸟出生时没有羽毛，视力为零，没有生活能力，因此需要父母照顾，直到它们可以离巢。近缘的其他树栖鸟类有时被归类为"近雀形目"。

(P)=雀形目　(NP)=近雀形目

喜鹊是雀形目鸦科的一种

蜂鸟

蚁鸟（Antbird）：分布在中、南美洲热带雨林里的一种小型鸟，时常跟随军蚁群行动，捕食那些被蚁群轰出的昆虫。（P）

蜂虎（Bee-eater）：羽色艳丽的一种小型鸟，喜欢吃蜂类或其他昆虫，所以也叫"食蜂鸟"。蜂虎会先将蜜蜂或昆虫的针刺在树枝上压碎，然后再吃掉它们。（NP）

风鸟（Bird of Paradise）：风鸟又称极乐鸟，分布在澳大利亚及其附近岛屿的森林中。雄鸟常用自己长长的、鲜艳的羽毛来吸引异性，它们会在树枝间跳复杂的舞蹈，展示美丽的羽毛。（P）

乌鸦（Crow）：多数乌鸦羽毛呈黑色而且很亮。乌鸦是杂食动物，能吃它们找到的任何食物，甚至可以捕杀小动物为食。乌鸦天性好奇，时常偷拿我们人类无人看管的钥匙一类的小物件。鸦科主要包括渡鸦、秃鼻乌鸦、红嘴山鸦、松鸦和喜鹊等。（P）

杜鹃（Cuckoo）：最为人熟知的特性是将自己的蛋产在别的鸟类的巢里。杜鹃蛋的孵化比其他鸟蛋要快，幼雏一出生会将同巢的其他鸟蛋推出巢外，并由养父母喂大。（NP）

河鸟（Dipper）：栖息在溪流或湖泊的一种小型鸣禽，是雀形目中唯一具有水生动物生活习性的鸟类，河鸟在水中游泳是为了捕捉昆虫和鱼类。（P）

雀类（Finch）：一种小型鸣禽，鸟喙强劲有力，适于啄开种子。雄鸟大多羽毛鲜艳。雀类中的好多种鸟，如金丝雀，都是倍受欢迎的宠物。（P）

紫蓝金刚鹦鹉

向蜜鸟（Honeyguide）：唯一以蜂蜡为食的一种鸟，同时也取食蜜蜂的幼虫。（NP）

犀鸟（Hornbill）：大多生活在热带地区，以大嘴基部长有鲜艳的骨质盔突而闻名。犀鸟以树上的果实和蛇类动物为食。雌鸟筑巢时，只留下一个能伸出嘴尖的小洞，供雄犀鸟为它喂食时使用。（NP）

蜂鸟（Hummingbird）：主要分布在美洲，身体很小，羽毛鲜艳，可以悬停在花前，用它细长的嘴从花中吸蜜。蜂鸟飞行时，翅膀的振动频率非常快，每秒钟最多可达80次。（NP）

翠鸟（Kingfisher）：体型小，大多羽衣鲜艳。有些种类常停息在水边，伺机捕食鱼虾等；还有其他一些种类以昆虫和蠕虫为主要食物。翠鸟筑巢于沙洞。（NP）

托哥巨嘴鸟

云雀（Lark）：一类小型鸣禽，翼长，羽毛呈单色。云雀以悦耳的叫声著称。

嘲鸫（Mockingbird）：分布于美洲的一类鸣禽，善模仿其他鸟的鸣叫，甚至可以模仿青蛙的呱呱叫声或汽车的报警声音。（P）

夜鹰（Nightjar）：夜鹰常在夜间活动，以昆虫为食；最大特征是眼睛大，腿短。白天，夜鹰能有效利用自己与周围环境相类似的外表保护色，大胆在地面营巢。夜鹰和蛙嘴夜鹰是近缘，蛙嘴夜鹰因嘴裂宽似蛙而得名。（NP）

猫头鹰（Owl）：夜行性鸟类，昼伏夜出，以捕杀啮齿动物、小鸟、蛙类和昆虫为主要食物。猫头鹰面部扁平，听觉神经发达，视觉敏锐，颈骨灵活，甚至可以转动整个头部，向后观望。（NP）

鹦鹉（Parrot）：主要分布在热带森林中，羽色鲜艳，鸟喙虽短但强劲有力。鹦鹉包括金刚鹦鹉、葵花鹦鹉和虎皮鹦鹉等。有些鹦鹉能够模仿人类说话。（NP）

鸽（Pigeon）：鸽类均体态丰满，善于飞翔。其中体型较小的成员称为"鸠"。和多数鸟类不同，雌鸽位于喉颈部的乳腺可分泌"鸽乳"，哺育幼雏。（NP）

鹨（Pipit）：一类小型鸣禽，尾长，腿部肌肉发达，可四处跑动，觅食昆虫。它的近缘鹡鸰，尾更长，其最大特征是尾巴经常上下不停地摆动。（P）

沙鸡（Sandgrouse）：栖息在亚洲和非洲荒漠地带的鸟类的统称，体羽呈灰或褐色，接近沙土颜色。沙鸡飞翔能力极强，可以长距离飞行，寻找水源。找到水后，成鸟会将羽毛浸湿，然后带回去给雏鸟吸食。（NP）

鸣禽（Songbirds）：雀形目鸟类，鸣管的两侧有复杂的鸣肌，让它能够运用高度模式化的声音信号进行交流和联系。

麻雀（Sparrow）：小型鸣禽，体羽呈灰褐色，大多活动在有人类居住的城镇，通常把巢建在屋檐之下。（P）

鸽

太阳鸟（Sunbird）：一类羽衣鲜艳的小型鸣禽，主要分布在非洲热带雨林。嘴细长，适于伸进花蕊深处吸食花蜜。有些太阳鸟喜欢悬停在花丛中进食。（P）

燕子（Swallow）：体型小而轻盈，飞行速度快，翅膀又长又尖，尾巴呈剪刀状。燕子近缘紫崖燕可以在飞行中捕食昆虫。燕子结群迁徙、捕食，并且共同筑巢。（P）

雨燕（Swift）：雨燕是飞翔速度最快的小型鸟类，羽翼又长又尖，尾巴特别长。雨燕可以在空中配对、捕食昆虫，甚至睡觉过夜，只在筑巢时才停息下来。雨燕的巢是由黏性的唾液黏合多种巢材而成的。（NP）

鸫（Thrush）：是鸫科所属的小型鸣禽，体态比较丰满，卵上有斑点，幼鸟的初羽上也常有斑点。鸫科包括旅鸫、蓝鸫和歌鸫等。（P）

山雀（Tit）：鸣禽，体小，喙短，栖于林地。主要包括两大种类：北美山雀和黑顶山雀。（P）

鵎鵼（Toucan）：又名巨嘴鸟，顾名思义，喙巨大且颜色鲜艳漂亮，适合用来啄开果实。主要分布在美洲热带地区。鵎鵼具有短翼，因此只能短距离飞行，但它们强壮的双腿有助于它们攀上树梢。（NP）

咬鹃（Trogon）：主要分布在美洲热带雨林，羽毛艳丽，尾羽特别长。近缘绿咬鹃双翼和背部覆绿色羽毛，而腹部羽毛则是鲜红色的。（NP）

莺（Warbler）：小型鸣鸟，喙细小而尖。旧大陆莺分布在欧洲、非洲和亚洲的广大地区，体羽色彩非常单一；新大陆莺主要产于美洲，色彩比旧大陆莺要艳丽得多。（P）

啄木鸟（Woodpecker）：以能够牢牢地攀附在垂直的树干上用喙凿洞并探寻昆虫而著称。啄木鸟也会使用同样的方法在树洞里营巢。啄木鸟爪上有4趾，2趾向前，2趾向后，这种特殊的结构使得它们能够紧紧地抓住树干。啄木鸟中也有少数种类在地上觅食。（NP）

鹪鹩（Wren）：一类小型的短胖的鸣鸟，尾巴短而翘，鸣声洪亮而复杂。

一只翠鸟潜入水中捕食

一只猫头鹰俯冲向猎物

风鸟

17

你知道吗

★ 即使是同一种类的鸣禽，它们的叫声也会有很大的差异，生活在不同的地域导致它们各自不同的"口音"。雏鸟可以从父母和其他成鸟那里学习鸣叫的声音。

★ 许多小型雀形目鸟类在飞行过程中，为了节省体力，时而展开双翼，时而将翅膀收拢。

★ 渡鸦是雀形目中体型最大的鸟类，身长可达65厘米。

★ 有些鸟类具有制造和使用工具的能力。例如，新喀里多尼亚乌鸦知道将小树枝折成钩状，去钩取它自己无法够到的食物。

夜鹰

有袋目动物和单孔目动物 Marsupials & monotremes

考拉

袋目动物和单孔目动物都是哺乳动物，它们刚产下的幼仔尚未完全发育。单孔目雌兽繁殖时产下软壳卵，孵化几天后，幼仔出壳，刚出世的幼仔需要母乳喂养，直到完全发育。有袋类动物普遍妊娠期短，所以不得不爬进母亲的育儿袋中继续发育。目前只在澳大利亚及其附近岛屿发现单孔目动物。除美洲特有的负鼠之外，大多数有袋类动物栖息在澳大利亚。

袋狸（Bandicoot）：酷似老鼠，体小，长鼻，长而有力的爪子适于挖洞，育儿袋向后开口。

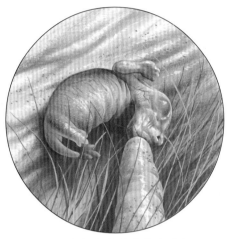

一只刚出生的幼袋鼠在吃奶

袋貂（Cuscus）：有着和猴子相类似的特点，机敏灵活，栖息在树上。只有雌性袋貂有育儿袋，用来养育幼仔，每胎产1仔。

袋鼬目（Dasyurids）：有袋类动物的一目，袋鼬目成员多数体型较小，食肉，包括袋鼬、狭足袋貂、袋食蚁兽和袋獾等。

袋鼠目（Diprotodonts）：有袋类动物的一目，包括袋鼠、沙袋鼠、负鼠、树袋熊和袋熊等。袋鼠目动物的大门齿长在下颌，后足第2和第3趾合并在一起，称并趾。大多数是食草动物。

两只袋鼠妈妈和它们的幼仔

狭足袋貂（Dunnart）：一种体型小，形似小鼠的有袋类动物，后肢长，尾巴长。

针鼹鼠（Echidna）：单孔目动物，又称针鼹。嘴又长又薄，爪子强健有力，善于挖掘。体表有皮毛，背面布满坚硬的尖刺。针鼹鼠以蚂蚁或蠕虫为食，因为没有牙齿，不能咀嚼，只能先把食物放在舌头和上颚之间压碎后再吞下。雌针鼹腹部长有育儿袋。

蜜貂（Honey Possum）：一种小型有袋目动物，尾巴长，嘴又长又尖，有助于伸入花中采食花蜜和花粉。是一种比较少见的以花蜜为食的哺乳动物。

幼袋鼠（Joey）：幼小的有袋目动物，刚出生时非常微小，没有视力，毛很少，四肢发育不全，靠本能爬到母袋鼠腹部的育儿袋中吃奶。几个月后离开育儿袋，但也可能再返回育儿袋睡上长达一年的时间。

袋鼠（Kangaroo）：一类大型有袋目动物，后腿长且强健有力，以后腿跳跃代跑。所有雌性袋鼠都长有前开的育儿袋，小袋鼠在育儿袋里发育成长，直到它们能独立生存。袋鼠通常以群居为主，喜欢搞"小团体"，生活在开阔的草原地带。

考拉（Koala）：一种树栖有袋目动物，主要以桉树叶和嫩枝为食。考拉生有一只大鼻子和一对大耳朵，利爪长而弯曲，利于抱紧树干。小考拉有时也会爬到母考拉的背部生活。考拉每天18小时处于睡眠状态，只有晚间才出来活动。

袋鼹鼠（Marsupial Mole）：形态和习性均似鼹鼠（➡21）的一种有袋目动物。袋鼹鼠在土表层之下挖洞，捕食昆虫和蚯蚓。雌性袋鼹鼠的育儿袋向后开口，只有2个乳头，这意味着它们一次只能哺育2个幼仔。

一只北美负鼠和它的幼仔

袋食蚁兽(Numbat):一种小型有袋类动物,也被称为有袋的食蚁动物。袋食蚁兽背部长有带纹,眼睛周围有深色印迹,尾毛浓密。它们几乎只以白蚁为食。

袋貂(Opossum):一种有袋类动物,分布于美洲,口鼻部长,犬齿大,尾巴长而无毛。袋貂也常常被称作负鼠,但它实际上是属于纯种澳大利亚有袋类动物的单独一科。多数种类的袋貂生活在树上,多为杂食性,有袋。袋貂遭遇威胁时,常常使用"装死"的绝活来迷惑天敌。

鸭嘴兽(Platypus):单孔类动物,栖息在河流、湖泊和小溪里。鸭嘴兽趾间有蹼,喙部扁平、形似鸭嘴,用来探寻泥里的蠕虫以及昆虫的幼虫。雄性鸭嘴兽的脚上有刺,可以喷射毒液,毒性足以杀死一条狗。

负鼠(Possum):一种杂食性有袋类动物,常常夜间外出,平时喜欢生活在树上。负鼠每胎可产下几个幼仔,刚生下的小负鼠非常幼小,需要在育儿袋中继续发育几个月。小负鼠长到能够自由出入育儿袋,并能爬上母负鼠背上,还要再等上几个月的时间。

袋鼬(Quoll):一类食肉有袋类动物,也被称为土猫。袋鼬长有粉红色鼻子,背部有白色的斑点。雌性袋鼬的育儿袋只有在交配季节才发育。

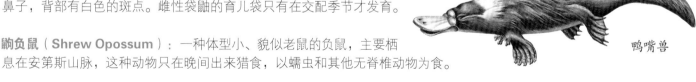

鸭嘴兽

鼩负鼠(Shrew Opossum):一种体型小、貌似老鼠的负鼠,主要栖息在安第斯山脉,这种动物只在晚间出来猎食,以蠕虫和其他无脊椎动物为食。

袋獾(Tasmanian Devil):世界上最大的食肉有袋类动物,是澳大利亚塔斯马尼亚岛特有的生物种类。袋獾肌肉发达,十分壮硕,毛发呈黑色,胸部有白色块斑。它们通常以腐肉为食,但有时自己也猎杀小动物。

一只针鼹鼠(下图)和它的软壳蛋(右)

树袋鼠(Tree Kangaroo):树栖有袋类动物,生活在雨林地带。和它的近缘袋鼠不同,它没有细长的后腿。

北美负鼠(Virginia Opossum):目前为止在北美洲发现的唯一有袋类动物,也是最大的一种负鼠,可以长到1米长。负鼠经常出没在城镇附近,在垃圾箱里翻寻食物。

沙袋鼠(Wallaby):一类有袋哺乳动物,体型小,壮实,和它的近缘袋鼠相比,沙袋鼠的毛皮更加厚实。沙袋鼠栖息在各种不同的地理环境中,比如岩石地带、草原或森林。

袋熊(Wombat):澳洲有袋动物,四肢短而有力,尾巴退化,仅留痕迹。富有挖掘能力,穴居在地洞里。育儿袋向后开口,这样能防止沙土进入育儿袋里。

啮齿动物和食虫类动物 Rodents & insectivores

三指树懒

啮齿目是哺乳动物中包含动物种类最多的一目。啮齿动物都具有一副磨齿，而且上下颌各有一对长而尖利的门齿，用来咬东西；它们的门齿无根，能终生生长。啮齿目多为小型的植食性动物，也有一些种类喜欢吃昆虫和小动物。多数啮齿目动物的繁殖能力很强，每胎产仔数个。食虫动物泛指以昆虫、蠕虫和其他微小生物为食的哺乳动物。食虫动物大多数种类喜在夜间活动，主要包括贫齿目动物、蝙蝠、鼩鼱和刺猬等。

非洲食蚁兽（Aardvark）：非洲食蚁兽又叫土豚，夜行性，白天躲在洞穴中休息；没有门齿和犬齿，但长有非常锋利的爪子，用来抓破蚁巢和白蚁穴，然后用细长的黏舌粘食四处逃散的蚂蚁。土豚生活在非洲炎热干燥的地区。

穿山甲厚厚的鳞甲几乎覆盖全身

食蚁兽（Anteater）：贫齿目食蚁兽科中的一种，分布于中美和南美，嘴巴尖长，尾部多毛。食蚁兽捣毁虫丘后，会用它细长而且富有黏液的舌头舐食昆虫。

犰狳（Armadillo）：贫齿目动物，除腹部以外，身上覆有许多小骨片组成的铠甲，起到保护身体的作用，许多种类犰狳遇到危险时，会将全身蜷缩成球状，将自己保护起来。

蝙蝠（Bat）：一类有飞翔能力的夜行性哺乳动物。蝙蝠的翼膜由前肢到后肢经过体侧展开的皮膜构成。大多数蝙蝠以昆虫或其他动物为食，某些蝙蝠也吃果实或花蜜。蝙蝠具有回声定位能力，能发出超声波，这些声波遇到物体便反射回来，蝙蝠通过听到反射回来的回声，就能在黑暗中确定猎物及周围环境的具体情况。

白靴兔因为腿部毛色为白色，像穿着白靴一样而得名。脚下的皮毛利于野兔在雪地里奔跑

河狸（Beaver）：一种大型啮齿动物，半水栖生活，后足趾间具全蹼，尾巴宽大且扁平。河狸牙齿锋利，可以伐倒树木，用树木在湖中央筑造高出水面的窝巢。

水豚（Capybara）：是世上最大的啮齿动物，身长可达1.3米，主要分布在南美。水豚遇到危险就跳入水中，躲避敌害。

毛丝鼠（Chinchilla）：产于南美洲安第斯山脉地区的一类啮齿动物，身覆灰色长绒毛，状若绒丝，故而得名。毛丝鼠尾端毛长而蓬松，长有两只大大的耳朵，十分可爱。

河狸鼠（Coypu）：大型啮齿类，半水栖生活，常更换栖息地，原产自南美洲。河狸鼠外形酷似河狸，只是尾巴细长，像耗子尾巴一样。

睡鼠（Dormouse）：一类小型啮齿动物，外形非常像老鼠，尾巴上的毛很长、很蓬松。有些种类生活在天气寒冷地带，它们一年之中有6个月以上的时间里都处于冬眠状态。

沙鼠（Gerbil）：小型洞栖啮齿动物，主要分布于荒漠地带，四肢和尾端都覆以皮毛，以防被太阳灼伤。多数情况下，靠四肢走动，但遇到危险时，会使用较长的后肢跳跃，快速避开危险。

豚鼠（Guinea Pig）：又名荷兰猪、天竺鼠，一种被广泛驯养的啮齿动物，产自南美洲的安第斯山脉。在动物学的分类是啮齿目豚鼠科，豚鼠科的另两个成员是水豚和长耳豚鼠。

仓鼠（Hamster）：小型啮齿动物，善于挖掘洞穴，没有尾巴，两颊皆有颊囊，用来装满食物，然后运回洞穴贮藏。

一只鼹鼠钻出地面

野兔（Hare）：兔类动物，耳长，腿长，体型比穴兔大，幼兔出生时已发育完全，喜欢栖息在开阔的草地上，长腿利于野兔快速奔跑来逃避危险。

刺猬（Hedgehog）：一种食虫动物，喜欢在夜间活动，嘴尖，背部布满棘刺，受到威胁时，将身体蜷曲成球状，保护自己。

跳鼠（Jerboa）：一类洞栖、啮齿动物，外形酷似老鼠，主要分布在亚洲和北非的荒漠地带。跳鼠的后肢特别长，适于跳跃，相比之下，前肢短得多，但很少使用。

兔形目（Lagomorphs）：是哺乳纲的一个目，典型的食草动物，具有啮齿动物特征，上、下颚各具有两对前后重叠的门齿。兔形目动物包括穴兔、野兔和鼠兔。

旅鼠（Lemming）：小型啮齿动物，习惯大群聚居、迁徙，

栖息在贴近地表的洞穴里。

老鼠（Mouse）：小型啮齿动物，尾巴长而无毛。老鼠主要以谷物类、草籽和其他植物为食。老鼠中最常见的种类是家鼠，经常在人类生活地区活动。

2米长的巨型食蚁兽

水豚

鼹鼠（Mole）：小型穴栖、食虫动物，具有铲状利爪，眼睛很小。鼹鼠喜欢在地下挖掘隧道，捕食地下的蠕虫和其他无脊椎动物。

穿山甲（Pangolin）：一种栖息在热带的食虫动物，昼伏夜出，晚间外出觅食，全身覆有厚厚的骨质鳞甲，遇到危险时，常蜷缩成球状。其主要食物为蚂蚁和白蚁。有些种类穿山甲栖息在树上，有些则生活在地面上。

鼠兔（Pika）：兔目动物，其特点是体型小，腿短，耳朵小。鼠兔主要分布在山区，以洞穴或石隙作为避难所。鼠兔常在冬季来临前堆积大量青草，经过日晒晾干后，作为过冬食物。

囊鼠（Pocket Gopher）：分布在美洲的啮齿动物，喜欢挖掘洞穴，门齿又大又坚硬，可以拔出树根，适用于打洞时松土。囊鼠的最大特点是具有巨大的毛皮颊囊，并因此而得名。

箭猪（Porcupine）：又称豪猪，大型啮齿动物，背脊上密布锐利、空心的棘刺，称为刚毛，遇到威胁时，会背对着敌人冲过去，将刚毛扎进攻击者的皮肤里。一些种类的豪猪是能爬树的，而还有一些豪猪则生活在地面上。

穴兔（Rabbit）：兔目动物，耳朵较长，善于挖掘洞穴。兔子可在穴中休息睡觉、生仔育幼、躲避捕食者。幼兔出生时身上没有毛，闭着眼睛，没有视力，需要妈妈的照顾。

大鼠（Rat）：啮齿目，尾巴细长。原产自亚洲的黑鼠和褐鼠是偶然间被早期的旅行者带到世界各地的。

花果鼠属于松鼠的一种

鼩鼱（Shrew）：食虫目动物，体型纤小，尾巴长，吻尖长。有些鼩鼱能分泌出一种毒液（◀11），即使体型比它大的猎物如青蛙，不小心被它咬一口，也会失去知觉，进入昏迷状态。在所有动物中，包括人类，鼩鼱的大脑重量在整个身体重量中所占比例最大。

树懒（Sloth）：一种夜间活动的贫齿目动物，栖息在热带森林中。树懒体征为腿长，脸平，爪长成钩状，常用爪倒挂在树枝上，以树叶为主要食物。

沟齿鼠（Solenodon）：一种小型食虫动物，牙齿中可释放出毒液，置猎物于瘫痪状态。沟齿鼠外形似鼩鼱，只能在海地和古巴岛屿上找到它们的踪迹，是濒临灭绝的物种之一。

松鼠（Squirrel）：啮齿目动物，其特征是长着毛茸茸的长尾巴。松鼠中的有些种类，如地松鼠，喜欢生活在地洞里，但其他种类却习惯在树上筑巢。

田鼠（Vole）：一种外形似老鼠的啮齿动物，和旅鼠血缘最为接近。田鼠可在多种环境中生活，大多数种类喜欢栖息在草原或林地，还有一些选择靠近溪流的地方作为栖息地。

贫齿目（Xenarthrans）：哺乳纲的一个总目，包括食蚁兽科、犰狳科和树懒科。几乎所有贫齿目都是牙齿稀少或根本没有牙齿。贫齿目的另一特征是脊柱上有附加关节，因为这一特殊结构，贫齿目又被称为异关节目。附加关节有助于动物在挖洞时支撑身体。

你知道吗

★ 啮齿动物占哺乳动物的45% ~ 50%。

★ 印度跳鼠，又称羚羊鼠，一步能跳出4.5米远。

★ 侏儒跳鼠是最小的啮齿动物，只有2.5厘米长。

★ 一些食虫动物，如鼹鼠和鼩鼱，体侧有臭腺，身体散发出一股难闻的气味，往往能让捕食者打消攻击它们的念头。

★ 沟齿鼠酷似6500万年前的恐龙时代的哺乳动物。

★ 当旅鼠数量剧增时，它们会向其他地方扩散，寻找新的领地。许多人误以为在扩散途中，旅鼠会自杀式地从悬崖上跳下去。但事实是在悬崖边旅鼠过多造成拥挤，或试图游过河时，少数旅鼠意外掉下悬崖摔死或游泳淹死。

长耳蝠

灵长目动物 Primates

大猩猩

灵长目是哺乳纲的一目。灵长目动物大脑发达，眼睛朝向前方，手指和脚趾灵活。灵长目多数种类栖息在森林中，善于攀树。灵长目分为低等的灵长目（原猴亚目，如狐猴和懒猴）和高等的灵长目（类人猿亚目，如猴、猿和人类）。

猿（Apes）：是灵长目人猿总科动物的通称，杂食性，手臂长，没有尾巴。猿类分为小型猿（长臂猿）和大型猿（红毛猩猩、黑猩猩、大猩猩和人类）。大型猿与小型猿相比，体型更大，智力更高。

指猴（Aye-aye）：属珍稀动物，习惯夜里出来活动，耳大眼大，中指细长，用来在树皮的小孔里挖出昆虫来食。指猴常遭到当地人捕杀，因为人们认为它会带来厄运。

环尾狐猴和它的幼仔

狒狒（Baboon）：旧大陆猴中犬齿较大的一类，颜面部和臀部无皮毛，结群生活，群落之大可称为"大军"，可供狒狒食用的东西很多，从植物到小型羚羊它们都能吃。

婴猴（Bush Baby）：来自非洲的树栖原猴类动物，因为它会在夜间发出婴儿啼哭般的叫声而得名。婴猴生有一对大耳朵、一双大眼睛和一条长尾巴。婴猴还有另外一个名字："丛猴"。

卷尾猴（Capuchin）：新大陆猴中体型较小的一类，除面部和前胸有白色毛区外，身体大部分毛色都是深暗色的。

黑猩猩（Chimpanzee）：生活在非洲的大型猿类，食量很大，经常吃昆虫、树叶或小猴子。黑猩猩有两种：普通黑猩猩和倭黑猩猩。两者都会把木棍和石块当成工具使用。

疣猴（Colobus）：草食猴类，尾巴很长，皮毛厚密，拇指已退化成一个小疣，故称疣猴。不

红毛猩猩

同种类个体间体色往往有差异。有些种类面部、背部及尾部皮毛长且蓬松。

长臂猿（Gibbon）：属猿类，臂长，并因此而得名，无尾。长臂猿又称小猿，生活在东南亚热带雨林中。与大型猿类相比，长臂猿身材矮小，智力也没有大型猿类那么发达。长臂猿可在树间荡来荡去，行动十分灵活轻松，且速度惊人，每小时可达55千米以上。

大猩猩（Gorilla）：属大型猿类，体型巨大，主要分布在非洲，栖息在地面上，纯粹的素食动物。成年雄性大猩猩站立时高达2米，是灵长目中最大的动物。一个大猩猩的群体通常由一头雄性和数头雌性组成。大猩猩分为两种：西部低地大猩猩和东部山地大猩猩。

指猴

吼猴（Howler Monkey）：新大陆猴中体型较大、卷尾的一类，栖息在热带雨林，喜欢待在高高的树枝上，主要以树叶为食。吼猴可发出巨大吼声，10千米以外都能听见，故而得名。

狐猴（Lemur）：原猴亚目动物，尾巴超长，甚至超过体长，全身毛发浓密而柔软。至今为止，只能在非洲的马达加斯加岛找到狐猴的踪影。多数种类主要树栖，偶尔也在地面活动，在地面时，多数狐猴四肢着地，但有些种类，如大狐猴和原狐猴，用后腿跳跃来代替行走。

懒猴（Loris）：又称蜂猴，原猴目动物，夜晚出来觅食，眼部周围有暗色斑纹环绕。懒猴栖于东南亚热带雨林的树冠上层，动作缓慢，感觉到情况异常，有危险时，会静止不动，躲避敌害。

猕猴（Macaque）：杂食性旧大陆猴类，一些生活在日本寒冷地区的猕猴，常常沐浴在温泉里，取暖御寒。

狨猴（Marmoset）：旧大陆猴中体型非常小的一类，头部

亚马孙雨林里的猴子

吼猴

松鼠猴

白面僧面猴

卷尾猴

伶猴

毛发形成丛状毛冠，与大多数猴子不同，绒猴趾长有尖爪而不是指甲。

你知道吗

★ 老鼠狐猴是世界上最小的灵长类动物，体长只有9.2厘米。

★ 大型猿类有筑巢习性，晚上就睡在里面。它们会折弯带叶的树枝在树上搭窝，或把树枝铺在坚硬的地面上，席地而睡。

★ 黑猩猩与人类的亲缘关系最相近。

★ 1960年10月，人们首次发现黑猩猩会使用工具。在此之前，人们普遍认为人类是会使用工具的唯一生物物种。自从观察到黑猩猩会使用工具以后，人们陆续发现其他猿类都或多或少地会使用某种工具。

眼镜猴

猴（Monkeys）：猿类的一科，尾长，指、趾长有指甲代替利爪。多数猴子习惯生活在树上，但也会到地面上来觅食。不同种类的猴子会吃不同的食物，大多以果实、树叶和昆虫为食，但其中也不乏有猎食小动物的。

新大陆猴（New World Monkeys）：指美洲特有的猴子，特征为鼻孔之间的距离宽，是唯一一种具有缠卷尾巴的猴类，大多数栖于树冠上层。

一只黑猩猩将树枝捅进白蚁穴内，待白蚁爬满树枝后抽出，抿进嘴里吃掉

旧大陆猴（Old World Monkeys）：指分布在非洲和亚洲的猴子，鼻孔之间距离较近，无缠卷的尾巴。

红毛猩猩（Orang-utan）：分布在亚洲的大型猿类，双臂细长，毛发呈红褐色。红毛猩猩栖息于热带雨林，喜欢在树冠间荡来荡去寻觅食物。雄性红毛猩猩还长着与众不同的大块脸颊赘肉和松弛下垂的猴袋。

长鼻猴（Proboscis Monkey）：旧大陆猴类，栖于加里曼丹岛的红树林。雄性猴子长有树干状的巨大鼻子，一直悬垂到嘴的前面，可以放大它的吼叫声，起到扩音器的作用。

原猴类（Prosimians）：低等灵长目动物，包括狐猴、懒猴、婴猴和眼镜猴等。它们的共同特征为尖脸，长尾，脑量不及高等灵长类动物。大多数是夜行动物，大眼睛适于夜视。

类人猿（Simians）：高等灵长目动物，包括猴、猿和人类。脸平，脑容量大，视力好是他们的共同特点。

蜘蛛猴（Spider Monkey）：体型较大的新大陆猴类，四肢细长，尾巴卷曲，适于在高耸的树梢上跳跃。

松鼠猴（Squirrel Monkey）：小型新大陆猴类，体毛短，尾长且毛厚，结大群栖息、戏耍、进食、捕猎。

眼镜猴（Tarsier）：原猴类动物，夜行性，眼睛特别大，趾骨特长，尾细长。眼镜猴栖于东南亚森林中，以昆虫为食，是唯一完全食肉性的灵长类动物。

一群狒狒

有蹄动物 Ungulates

斑马

有蹄类是四肢哺乳动物的一类，趾的末端长有蹄而不是爪，有蹄类进化到可以用趾尖站立和行走，慢慢地趾尖发展成硬蹄，利于快速奔跑，躲避天敌。有蹄类几乎完全以植物为食，牙齿大而扁平，适于研磨植物。有蹄类主要分为两大类：奇蹄目和偶蹄目。

羚羊（Antelope）：偶蹄目动物，奔跑速度快，四肢细长。所有雄羚羊和部分雌羚羊有角。羚羊包括瞪羚、黑斑羚和牛羚，多数种类栖息在非洲平原地带。

牛科动物（Bovids）：有蹄类的一科，其中包括牛、羚羊、绵羊和山羊。牛科雄雌动物都有角，有蹄，四趾。许多牛科动物喜欢群居。

一群原驼

骆驼（Camel）：有蹄类动物，两趾，栖于沙漠。骆驼背部的驼峰里贮存着脂肪，脂肪能够分解成骆驼身体所需要的养分，让骆驼在没有食物和水的情况下，还能在沙漠中坚持行走很长时间。骆驼有两种：一个驼峰的单峰骆驼和两个驼峰的双峰骆驼。

一头非洲大象用长鼻子把水摄入口中

牛（Cattle）：牛科动物，牛肉和牛乳可供人类食用。据考证，家牛起源于野牛，野牛目前已绝迹了。

鹿（Deer）：有蹄类动物，四肢细长，两趾。雄鹿的骨质鹿角每年都会脱落，然后又长出新的。

驴（Donkey）：马科中体型较小的成员，鬃毛直立，耳朵长，多数驴已被驯化。

象（Elephant）：体型巨大的一种动物，耳大如扇，长长的鼻子伸屈自如。象又被称为次蹄类动物，因为趾甲和带有底垫的脚掌处于半爪半蹄状态。非洲象与亚洲象相比，耳朵更大，獠牙更长，非洲雄象站立时肩高大约4米，是世界上现存最大的陆地动物。

长颈鹿（Giraffe）：分布在非洲的两趾有蹄类动物，具有长脖子、长腿及外包皮肤的小角。长颈鹿是世界上现存最高的陆地动物，高达5米。长颈鹿奔跑速度飞快，每小时超过50千米。

山羊（Goat）：有蹄类动物，两趾，具角，身体矮壮，尾巴上翘，多数雄性长有髯毛。野山羊栖于石山山坡上。

原驼（Guanaco）：一种体型较小、野生的驼马，分布在南美洲，和骆驼有近缘关系。原驼脖子修长，双腿细长，耳小，身披保暖的驼毛。

河马

河马（Hippopotamus）：大型四趾有蹄动物，主要分布在非洲，喜欢栖息在河流和池塘附近。在炎热的白天它们几乎都待在凉爽的河里，以防脱水，只在晚上出来吃食。在水里时，河马的眼睛、耳朵和鼻孔都露出水面。

马（Horse）：奇蹄目动物，尾长，颈部具鬃毛。马的视力很好，利于及时发现捕食者。它可以全速长距离奔跑。

24

雄性驯鹿之间为争夺雌鹿经常发生激烈的角斗

美洲驼（Llama）：又称为无峰驼，原产美洲大陆，和骆驼是近亲。美洲驼常被人类用来驮载重物穿越崎岖地势。它的近缘，体型较小的羊驼以其优良的羊驼毛而闻名于世。

马来貘

驼鹿（Moose）：世界上最大的鹿科动物，肩高2米，并长有巨大的鹿角。驼鹿主要分布在西伯利亚、欧洲和北美洲的北部森林地区。

霍加狓（Okapi）：长颈鹿的近亲，体呈黑色，四肢上长着斑马一样的黑白色条纹，栖息于非洲的热带雨林中。

野猪类（Peccary）：外形酷似家猪的一类有蹄类动物，上下各有两颗獠牙，常用打磨牙齿来发出警告声音。

猪（Pig）：四肢短小的有蹄类动物，四趾，头大，身体矮壮。拱土觅食是猪的一个显著特征，觅食时，喜欢用鼻子嗅闻，食物主要有植物、蠕虫和小动物。有些种类如家猪、野猪和疣猪犬齿很大，向外弯曲形成獠牙。

驯鹿（Reindeer）：鹿科动物，主要分布于环北冰洋无树木陆地上，雌雄都有角。驯鹿又被称作北美驯鹿，结群觅食，以草和嫩枝叶为食。

犀牛（Rhinoceros）：大型有蹄类动物，前后脚各长有三趾，食物以草为主。犀牛共有五个种类：白色非洲犀牛、黑色非洲犀牛、印度犀牛、苏门达腊犀牛和爪哇犀牛。

羚羊（一种反刍动物）的胃部构造图

反刍动物（Ruminants）：具有反刍胃的有蹄类动物。所谓反刍是指食物在动物胃中分阶段进行，首先咀嚼食物吞入胃中，经过一段时间以后，将半消化的食物返回到口中再次咀嚼。反刍有利于动物吸收食物中的营养成分。反刍动物包括骆驼、长颈鹿、鹿和牛科动物。

绵羊（Sheep）：两趾有蹄类动物，常常被驯养，可以为人类提供羊毛和肉等产品。野绵羊栖于山坡地带，角粗大而卷曲。

母长颈鹿和它出生刚刚两个月的幼鹿

貘（Tapir）：奇蹄目哺乳动物，三趾，短鼻。貘栖息在南美洲和亚洲的热带雨林地区。幼貘身上有斑纹或斑点，与照射在雨林地面上斑驳的光线十分接近，使二者融为一体，保护幼貘不被天敌发现。

小羊驼（Vicuña）：和骆驼有亲缘关系，分布在南美洲。小羊驼的特征为体型较小，身材纤细，长有长长的耳朵；野生，不易被驯服；具有柔软、厚厚的绒毛。

斑马（Zebra）：奇蹄目马科成员，产于非洲，全身密布黑白斑纹，适于隐蔽在茂密的草丛中，不易暴露在天敌面前，是有效的保护色，同时也是斑马用自己的特有方式来相互识别的一种标记。

食肉目动物 Carnivores

鼬鼠

食肉目动物泛指一切吃肉的动物，但并不是所有以肉为食的动物都属于食肉动物，所有的食肉动物也并不仅仅以肉为食。食肉动物包括猫、狗和熊以及鼬鼠、浣熊和猫鼬。多数食肉动物以肉为食，也有一些以昆虫和果实为主要食物。它们之所以被归为一类，是因为它们是由同一个祖先——牙齿可以咬断肉类的哺乳动物进化而来的。

赤狐

獾（Badger）：属于食肉目鼬科，夜行性动物，可供食物比较庞杂。獾体格粗壮，爪子强劲有力，善掘土，住在洞穴里。

熊（Bear）：大型食肉动物，躯体粗壮敦实。多数种类栖于森林，体型稍小的种类，如黑熊和马来熊善于爬树。生活于北方寒冷地区的熊，如棕熊，在山洞或雪洞中过冬。与大多数熊类的杂食性不同，北极熊主要以海豹为食。

黑豹（Black Panther）：指的是通身全黑的豹和美洲豹。

猫科动物（Cat）：食肉动物，捕猎高手，尾巴长，身体肌肉强壮。猫科动物分为大型猫科动物，如老虎和狮子；小型猫科动物，如豹猫、山猫和家猫。大多数猫科动物捕食时，咬住猎物的喉咙，死死不放，直到猎物窒息而死。

猎豹（Cheetah）：属于大型猫科动物，体型精瘦，全身布满斑点，主要分布在非洲和亚洲。猎豹是陆地上奔跑速度最快的动物，速度可达每小时120千米。猎豹的半伸缩的爪子利于奔跑时蹬地有力，加快速度。

麝猫（Civet）：外观像猫一样的食肉动物，长身短腿，大部分在背部有条纹和斑点，主要分布在非洲和亚洲。所有麝猫的门腺会放出麝香物质。

郊狼（Coyote）：外表像狼一样的犬科动物，毛色呈灰色，分布在中美和北美。郊狼的嗥叫与众不同。

狗（Dog）：食肉动物，爪子强有力，四肢长，常常结群生活。狗可以长途跋涉去寻找食物，主要以肉为食，但也可以吃一些植物类食物。

小熊猫

狐狸（Fox）：属犬科动物，体型较小，口鼻部突出，尾巴毛发浓密，狐狸主要包括赤狐、北极狐和沙漠大耳狐。

大熊猫（Giant Panda）：属熊科食肉动物，体型较大，体色黑白相间，主要栖息在中国山区的森林中。它的饮食构成几乎完全是竹子。过去熊猫的栖息地遭到严重破坏，致使熊猫数量稀少，是世界珍稀动物之一。

鬣狗（Hyena）：分布在非洲和亚洲的肉食性动物，站立时肩部高于臀部，强有力的下颚可以压碎猎物的骨头。鬣狗既可以食用动物尸体腐烂的肉，也可以自己捕食猎物。黑斑鬣狗的高声嗥叫听起来像人的哈哈大笑声，令人毛骨悚然。

豺狗（Jackal）：喜欢在夜晚出来活动的犬科动物，主要分布在亚洲和非洲。豺狗经常以围攻方式猎食，有时也吃动物腐烂的尸体。

一头灰熊在捕鲑鱼

美洲虎（Jaguar）：大型猫科动物，毛色呈黄褐色，身体上有深颜色的斑点，潜行于南美洲的热带雨林中。美洲虎在猎杀动物时，不像其他猫科动物那样，一口咬断猎物的喉咙，而是直接咬穿猎物的头盖骨，将猎物置于死地。

豹（Leopard）：分布在非洲和亚洲部分地区的大型猫科动物，毛色呈黄色，遍布玫瑰花形状的黑色斑纹。豹子的皮毛颜色特点各异，雪豹皮毛雪白，而云豹身体上有云状斑纹，像天然大理石一样。

狮子（Lion）：大型猫科动物，分布在非洲和亚洲，毛色呈茶色，雄狮有蓬松杂乱的鬃毛。狮子往往结成狮群生活，在狮群中，雌狮们是主要的狩猎者。

猞猁（Lynx）：属于猫科动物，中等体型，短尾巴，耳朵上长着长长的丛毛。猞猁是居无定所的野生动物，主要分布在北美洲、欧洲和亚洲。

獴（Mongoose）：肉食性动物，体型较小，躯干修长，大多数种类喜欢独居，但也有一些种类，如狐獴喜欢结群生活，少数种类，如灰獴可以攻击并杀死毒蛇。

麝香（Musk）：许多鼬科动物分泌的一种气味难闻的液体，常常用来标记它们的领地范围，或阻止入侵者。

一群黑斑鬣犬在吃牛羚

孟加拉虎

水獭（Otter）：半水栖鼬科动物，趾间长有蹼，食物以鱼类为主，多数种类喜欢生活在河流和池塘附近。

美洲狮（Puma）：茶色大型猫科动物，分布横贯整个美洲大陆，美洲狮又被称作美洲金猫或山狮。

浣熊（Raccoon）：虽然是食肉目动物，但浣熊偏于杂食。浣熊尾巴长，四肢短，"手指"灵活，能抓住东西。浣熊原产自北美洲。浣熊科有以下成员：浣熊、长鼻浣熊、蜜熊和圈尾猫。

小熊猫（Red panda）：小型肉食性动物，体毛呈红色，外形与浣熊相似，但既不和浣熊是近缘，也不和大熊猫有亲缘关系。小熊猫生活在亚洲林区，以果实和树叶为主要食物。

臭鼬（Skunk）：分布遍及美洲大陆的鼬科动物，杂食性，尾巴长有浓密的毛发，身体上有黑白相间的斑纹。遇到威胁时，臭鼬会转身，背向攻击者，向攻击者面部释放出气味浓烈的臭鼬麝香，来驱敌自卫。

老虎（Tiger）：栖息于亚洲的大型猫科动物，茶色毛皮上有深色条纹。利于隐蔽在茂密的丛林中。最大的老虎为西伯利亚虎，身长可达4米；最小的老虎是孟加拉虎。老虎是独居动物，大多喜欢在黎明和黄昏出来狩猎。

鼬（Weasel）：小型食肉动物，身体细长，四肢较短。鼬科主要包括鼬鼠、臭猫、貂、臭鼬、水獭和獾等。多数种类以啮齿类动物为食，还有一些种类以蠕虫，果实和昆虫为主要食物。

狼（Wolf）：大型野生犬科动物，颌部非常强大，适于撕咬食物。狼成群生活，狼群集体出击，可以击败体型大于自己的猎物。狼是家犬的祖先。

一只猎豹在捕食猎物

猫在地面上行走时，爪子是缩进去的，这是为了防止爪被磨钝

你知道吗

★ 多数猫科动物奔跑速度虽快，却不能坚持很长时间，因此它们往往采取坐等的策略，待猎物接进，它们会向猎物发起突然袭击。

★ 一些鼬科动物的麝香常被采集，用来制成香料。

★ 北极熊是世界上最大的陆地食肉动物，站起来高达3米。

★ 成年狮子的咆哮可以传播到8千米以外。

★ 豹子可以把一只体重是自身2倍的猎物拖上一棵树，然后慢慢享用。

★ 浣熊可以用像人手一样的爪子打开门窗插销，甚至还能移开箱盖。

图书在版编目（CIP）数据

动物世界 / (英) 尼古拉斯·哈里斯著；刘筠译. — 沈阳：辽宁科学技术出版社, 2017.5
（少年儿童百科全书）
ISBN 978-7-5591-0032-0

Ⅰ.①动… Ⅱ.①尼… ②刘… Ⅲ.①动物–少儿读物 Ⅳ.①Q95-49

中国版本图书馆CIP数据核字(2016)第287644号

出版发行：辽宁科学技术出版社
　　　　　（地址：沈阳市和平区十一纬路25号　邮编：110003）
印 刷 者：辽宁北方彩色期刊印务有限公司
经 销 者：各地新华书店
幅面尺寸：230mm × 300mm
印　　张：3.5
字　　数：100千字
出版时间：2017年5月第1版
印刷时间：2017年5月第1次印刷
责任编辑：姜　璐
封面设计：大　禹
版式设计：大　禹
责任校对：徐　跃

书　　号：ISBN 978-7-5591-0032-0
定　　价：25.00元

联系电话：024-23284062
邮购咨询电话：024-23284502
E-mail：1187962917@qq.com
http://www.lnkj.com.cn